ESSAI

SUR

LES COLONIES AGRICOLES.

ESSAI

SUR

LES COLONIES AGRICOLES,

CONSIDÉRÉES

COMME MOYEN D'ÉVITER LA TAXE DES PAUVRES, DE DONNER UNE MEILLEURE DIRECTION AU TRAVAIL, ET DE MULTIPLIER LES FERMES MODÈLES.

Par un ancien Administrateur des Pauvres,

Correspondant du Conseil d'Agriculture, Membre du Conseil général du Département de ***

à Amiens,

De l'imprimerie de CARON-VITET, imprimeur-libraire de S. A. R. Monseigneur le Duc de Bordeaux.

1829.

Introduction.

Nous avons pensé qu'il serait utile de présenter cet Essai aux personnes charitables qui ont paru disposées à prendre une part active à l'œuvre des Colonies agricoles.

La détresse actuelle des pauvres a fait naître généralement le désir de rechercher les moyens d'en affaiblir la source : il importait de profiter de cette disposition des esprits pour appeler l'attention sur cette œuvre intéressante.

Nous avons lieu d'espérer que bientôt il nous sera possible de présenter une Colonie-modèle en pleine activité ; c'est le moyen de dissiper tous les doutes, et de démontrer la supériorité de ce genre de secours sur tous ceux en usage.

On demande aussi, de toutes parts, des fermes-modèles ; les amis de l'agriculture, que n'épouvante pas l'intervention de la Religion dans l'exercice des arts, jugeront s'il est possible de résoudre le problème de la multiplication de ces écoles-pratiques, avec plus de simplicité et d'économie.

Toutes les sciences ont des recueils où se déposent les observations et les découvertes de ceux qui les cultivent. Si nous avons bien compris les vœux des premiers fondateurs de l'œuvre des Colonies, ce petit écrit servirait d'introduction à la correspondance qu'ils voudraient entretenir entre eux ; en s'éclairant ainsi mutuellement, on parviendra, peut-être, à multiplier les ressources et les bienfaits de la charité.

ESSAI

SUR

LES COLONIES AGRICOLES.

C'EST aux dames chrétiennes que nous avons confié nos premières pensées sur l'œuvre des colonies : leur piété et leur charité méritaient cet hommage : elles comprennent bien mieux que les savans la puissance de la Religion, et elles ne pouvaient manquer d'accueillir avec intérêt un plan dont elle est la base nécessaire. Déjà quelques-unes ont saisi ces vues de bien public avec un zèle si généreux, que nous leur devons une active et bienveillante coopération à l'exécution de nos premiers essais.

Mais après avoir garanti le succès d'une œuvre aussi importante, en réservant au sexe le plus faible l'honneur de l'entreprendre et de la conduire à une heureuse fin, après avoir vu quelques enfans, recueillis par de pieuses servantes de Dieu, fonder pauvrement et obscurément les colonies modèles d'où sortiront peut-être un jour de nombreux rameaux, il nous a paru utile de nous adresser aussi aux administrateurs, aux publicistes, aux hommes d'état, et aux amis de l'agriculture et des arts, afin de les amener à protéger et à favoriser, par leur concours, des établissemens qui contribueront peut-être à préserver la société des nouveaux malheurs que doivent attirer sur elle les oublis des politiques, les erreurs des prétendus sages, et à réparer les maux qu'ont produits et que produiront encore inévitablement la haine et le mépris des institutions de la religion. Nous espérons prouver, dans ce Mémoire, que le dévouement de ses défenseurs n'exclut aucune des connaissances dont se targuent ses adversaires, et que l'on peut, sans cesser d'être chrétien, rivaliser de savoir et d'habileté dans la science de l'observation et la pratique des arts, avec ses plus fougueux ennemis.

C'est avec une plus juste crainte que nous oserons nous présenter dans l'arène que viennent de parcourir MM. de Bonald et Rubichon, et si nous osons apporter l'offrande timide du disciple dans la masse de lumières qu'ont répandu sur ces intéressantes matières des publicistes aussi recommandables, c'est que le premier, dont l'estime nous honore, a plus d'une fois encouragé notre zèle par l'approbation qu'il a bien voulu donner à nos travaux.

Nous essaierons donc de traiter aussi la question de la taxe des pauvres, des dépôts de mendicité, des ateliers publics de travail, et de tous les établissemens de charité.

Nous examinerons ensuite quelles sont les causes les plus générales de l'extrême misère des pauvres.

Et nous appelerons enfin l'attention des hommes d'Etat sur l'avantage de chercher dans les institutions catholiques et dans le travail agricole le moyen le plus efficace et le plus sûr d'éviter ou d'atténuer la taxe des pauvres, de faire disparaître les misères extrêmes, de réformer les mœurs des classes inférieures, de réparer les désordres de l'industrie, de relever la population de la dégradation où elle est descendue dans les villes et dans les cantons exclusivement livrés aux travaux des manufactures, et de rendre fertiles des contrées presque stériles de l'intérieur de la France.

Nous écrivons avec bonne foi, nous en réclamons un peu de nos lecteurs, pour nous juger. Si les principes que nous professons leur inspirent quelque répugnance, qu'ils soient assez justes pour ne considérer que les faits sur lesquels nous nous appuierons.

DE LA TAXE DES PAUVRES.

La taxe des pauvres commence à s'établir en France par les octrois et les souscriptions volontaires ; bientôt il faudra la généraliser, car elle est une conséquence presque nécessaire de la destruction des ordres religieux, de l'affaiblissement de la religion, du développement inconsidéré de l'industrie, de l'absence de corporations dans l'exercice des métiers, du morcellement des propriétés, et de la centralisation de toutes les ambitions dans la capitale : qu'on lise avec attention l'ouvrage de M. le vicomte de Bonald, sur *la Mendicité et les Enfans trouvés*, et celui de M. Rubichon sur *l'Action du Clergé dans les sociétés modernes*, il sera difficile d'échapper à la rigueur de leurs conclusions.

La taxe des pauvres nous menace donc, et ce fléau aura chez nous des conséquences bien plus graves encore qu'en Angleterre.

Dans un écrit adressé aux Chambres sur *les Pauvres, les Mendians et leurs droits,* l'auteur évalue à deux cent quarante millions la somme annuellement nécessaire pour subvenir à leurs besoins pressans. Cette taxe s'élève en Angleterre à deux cent millions, et sa population est à-peu-près le tiers de celle de la France.

Les ressources de ce pays sont bien autres que les nôtres ; la propriété soumise à la taxe des pauvres ne paie qu'environ douze millions d'impôts directs ; des colonies nombreuses et florissantes, une marine immense, un commerce dont vingt nations sont tributaires, offrent mille moyens d'existence à la population pauvre, et cependant l'Angleterre gémit sous ce fardeau !

Ce mal date de l'époque de la réforme, c'est le premier effet de son mépris pour le culte de ses aïeux ! Qu'on étudie dans l'ouvrage si curieux de Cobbet les résultats de la réforme en Angleterre, on sera frappé de l'évidence de ce fait ; et l'on médite chez nous l'anéantissement du catholicisme !

Heureusement pour les pauvres et pour nous, il nous tient par les entrailles ; et s'il est donné aux politiques des temps actuels de l'affaiblir, ils sont hors d'état de l'anéantir; voilà pourquoi nous ne désespérons pas encore de parvenir à adoucir le sort des populations pauvres, et nous osons présenter quelques moyens aussi simples que sûrs pour atténuer la gravité des dangers qui nous menacent. Mais ces moyens reposent sur la coopération des institutions religieuses, et avant de les discuter, consultons le précieux recueil de documens que nous présente M. Rubichon.

Le premier objet qui frappe nos regards, c'est l'emploi des deux cent millions perçus en Angleterre pour les pauvres; sur cette somme, nous voyons (page 47) qu'il en est resté quatre-vingt-deux millions en chemin, et que les pauvres n'ont effectivement reçu que cent dix-huit millions.

Le nombre des pauvres secourus dans les maisons de travail et à domicile s'élève à neuf et un quart pour cent, c'est-à-dire au onzième de la population.

Un autre fait bien curieux à présenter à ceux qui viennent nous vanter l'habileté administrative des protestans, c'est que le produit du travail des pauvres dans les maisons de travail des paroisses ne s'élève qu'à 11 fr. par détenu (page 46) ; nous possédons en France des établissemens d'orphelines dont personne ne s'occupe, et que l'administration publique connait à peine, dont le travail solde toutes les dépenses. Il est vrai que les pieuses filles qui les gouvernent ne dépensent pas, pour leurs diners, une somme équivalente aux quatre millions (p. 34) que consomment les marguilliers anglais dans leurs jours de réunion, *et qui est prélevée sur le produit de la taxe.*

Quoique le zèle des administrateurs des pauvres soit bien plus désintéressé et bien plus généreux dans un pays où la religion fait un devoir rigoureux de la charité, cependant l'établissement de la taxe des pauvres, amènera nécessairement des frais d'administration et de régie qui en dissiperont une bonne partie. Il serait bien plus habile de profiter des ressources de toute nature que nous offrent les institutions catholiques, pour atteindre le but, sans contrainte, et avec une économie que nulle administration ne pourrait égaler; mais pour y parvenir, il faudrait les encourager, au lieu de les contrarier et de les persécuter !

Voyons d'un autre côté quel résultat cette

Espagne, si décriée pour son administration intérieure, a obtenu d'une conduite plus sage.

Nous trouvons dans le même ouvrage (p. 40) le fait suivant :

Il fut fait en Espagne, en 1787, un recensement des mendians, (il s'agit sans doute des mendians vagabonds). Le nombre s'élevait à 7030 : au lieu d'établir une taxe des pauvres et des dépôts de mendicité, et de prendre des mesures repressives, le Gouvernement chargea les frères de St.-Jean de Dieu et d'autres ordres religieux d'ouvrir des hôpitaux et des hospices pour ces mendians. Dix ans après, le même recensement n'en trouva plus que 3563. Nous possédons en France quelques-uns de ces bons Frères qui pourraient peut-être nous rendre des services analogues ; de jeunes adeptes des doctrines nouvelles ont failli en assommer un sur la place publique !

Arrêtons-nous quelques instans pour considérer comment on prélévera en France un impôt pour les pauvres.

Nous avons vu plus haut que la propriété le paie en Angleterre, parce quelle ne supporte que 12 millions d'impôts directs. Chez nous ces impôts s'élèvent à plus de 300 millions, et il n'est pas de propriétaire qui ne s'impose volontairement, en outre, une somme plus ou moins considérable, pour secourir les pauvres et même pour se délivrer de l'importunité de cette nuée de mendians qui l'obsèdent : et il ne sera jamais complètement affranchi de cette nécessité à laquelle il se soumet en beaucoup de lieux, par la crainte de la vengeance des mendians vagabonds. Ce ne peut donc être sur la propriété foncière exclusivement que l'on devra faire peser cet impôt.

L'auteur de l'ouvrage sur les pauvres et leurs *droits*, que nous avons cité, porte à 240 millions la somme annuellement nécessaire, et comme il propose avec un imperturbable sang-froid de centraliser auprès du ministre de l'intérieur l'immense administration spécialement créée pour l'application de cette mesure, quelle nuée d'agens et de commis, quels frais de régie, quelle dépense d'état major, et par conséquent quels abus et quelles déprédations dans une administration aussi compliquée! combien faudra-t-il ajouter de millions pour ces frais aux 240 qu'il sera nécessaire d'imposer? Il en coûte 82 à l'Angleterre, pour appliquer cette taxe à 11 millions d'habitans, combien dépenseronsnous pour l'appliquer à 32 millions ? Il fut un temps où le clergé d'Angleterre administrait cette branche des charges publiques sans collecteurs ni garnisaires, il est vrai qu'il était catholique alors ! Voilà les brillantes utopies que nous présentent les publicistes de l'école moderne, après avoir dévoré les biens du clergé et par conséquent des pauvres, et après avoir proscrit ces administrateurs habiles d'un impôt que la Religion imposait à ses serviteurs, et que ceux-ci n'acquittaient que volontairement !

S'il faut imposer quelqu'un pour secourir le pauvre, (et nous sommes loin de nous opposer à ce que l'Etat pourvoie à ses besoins les plus pressans), n'est-il pas juste de s'adresser à ceux qui en ont multiplié le nombre outre mesure par leurs fausses spéculations, ainsi que nous le démontrerons dans le cours de ce Mémoire ; à ceux qui se sont enrichis de sa substance, qui l'ont arraché à l'innocence et aux bonnes mœurs pour le precipiter dans les plus sales désordres ; à ceux qui exploitent des hommes dans leurs ateliers, avec moins de précaution que l'on n'en prend ailleurs pour utiliser des animaux ; qui le dépravent par les doctrines qu'ils professent avec une honteuse publicité, et qu'ils répandent avec une odieuse persévérance; à ceux enfin qui persécutent la religion, et ses ministres, qui proscrivent des ordres religieux dont la pauvreté volontaire vient consoler la pauvreté forcée et lui prêcher la patience, par l'exemple, en s'imposant, pour la servir, les plus rudes privations... Eh! faudra-t-il que les chrétiens et les propriétaires qui se soumettent déjà à de pénibles sacrifices pour diminuer, autant qu'il est en eux, le mal que font l'impiété et l'industrialisme, se voyent imposer une charge intolérable, puisqu'il ne s'agit de rien moins que de doubler l'impôt, afin que la meilleure partie aille enrichir des intrigans et des commis; car les auteurs de ces charitables projets nous annoncent naïvement qu'il en faut confier l'exécution à la *bureaunatie*. (v. *Des Pauvres et de leurs droits*, p. 90.)

Mais, nous dira-t-on, l'industrie manufacturière est en souffrance, elle marche vers sa ruine. Nous le savons bien, et nous en gémissons; mais n'est-ce pas elle trop souvent qui, après avoir enlevé à l'agriculture les bras qui la servaient naguères, après l'avoir forcé de hausser les salaires qu'elle donnait à des ouvriers sobres et vigoureux, lui renvoie en ce moment des légions de pauvres dans un état physique et moral digne de la plus profonde pitié. Et d'ailleurs, est-ce notre faute, si elle s'est ruiné ? pourquoi a-t-elle détruit ces réglemens salutaires qui régularisaient ses mouvemens? pourquoi repousse-t-elle encore le principe des corporations qui lui fournirait peut-être des moyens de salut, et dont l'effet certain serait, au moins, de rétablir dans ses relations la réputation d'honneur et de bonne foi dont jouissaient nos anciens fabricans dans le monde entier? elle veut une liberté indéfinie, qu'elle en jouisse donc, et qu'elle s'applique à elle-même l'axiôme favori de ses coriphés : Périssent *les colonies plutôt qu'un principe.*

Mais cependant la religion, la propriété et l'agriculture se concertent pour réparer une partie du mal qu'elles n'ont pas fait, et c'est en se prêtant un mutuel appui qu'elles espèrent préparer un meilleur sort aux débris de cette génération que l'industrialisme a pervertie et qu'il abandonne : c'est l'objet spécial que se proposent des hommes charitables dans la création des colonies agricoles; et si leur plan peut se réaliser avec les développemens dont il est susceptible, peut-être échapperons-nous aux conséquences terribles de la taxe des pauvres. Mais voyons quelles ressources présente le système actuel des secours publics.

DES DÉPOTS DE MENDICITÉ.

On paraît vouloir revenir à l'établissement des dépôts de mendicité. On a dépensé quelque quarantaine de millions, sous le règne de Buonaparte, pour cet essai; on sait ce qu'il a produit. Nous avons été chargé dans le temps de la surveillance supérieure de l'un de ces dépôts, et nous y avons donné assez de soins pour pouvoir en raisonner avec une pleine connaissance de cause.

On ne renferme pas des mendians et des vagabonds pour les tenir dans l'oisiveté. Les soumettre au travail, leur en inspirer le goût, les forcer d'en contracter l'habitude, tels sont les termes que l'on s'efforce d'atteindre; mais quel peut être l'objet principal de ce travail? ce ne peut être que celui des manufactures, ces grandes agglomérations ne peuvent avoir lieu que dans les villes, sous les yeux de la police et de la force publique. Or, n'est-il pas évident que, dans la détresse où se trouve l'industrie manufacturière, si le Gouvernement élève contre elle une nouvelle concurrence dans ses dépôts, il hâtera sa ruine ? Qui pourrait lutter contre un rival qui commence un commerce quelconque avec la résolution et la faculté d'y perdre deux à trois cents mille francs par année ? Un administrateur avec lequel nous discutions sur cette matière, crut lever nos objections, en nous disant : nous travaillerons pour le compte des particuliers ; soit, lui répondîmes-nous ; mais si vous enrichissez quelques individus en leur livrant le travail de vos détenus à un prix inférieur à celui que demandent les ouvriers libres, la concurrence devient funeste pour ces derniers; déjà ils offrent partout leurs bras à qui veut les employer, pour un salaire qui leur permet à peine de subsister, vous allez réduire à la misère la plus extrême dix fois plus de malheureux que vous n'en pourrez secourir dans vos dépôts. Nous n'avons pas reçu de réponse à cette objection.

Ce que nous venons de dire des dépôts de mendicité, s'applique également aux ateliers de travaux publics : ils sont nuisibles et dangereux toutes les fois qu'ils rivalisent avec une industrie existante.

Nous oserions peut-être placer dans la même catégorie un grand nombre d'établissemens fondés par la charité ; mais comme nous ne voulons pas que l'on puisse prendre pour l'expression d'un blâme les observations que nous serions dans le cas de faire sur l'état actuel de ces admirables institutions qui possèdent en elles-mêmes le moyen régulier et légitime de se modifier suivant les besoins de la société ; si nous jugeons à propos de leur communiquer notre opinion, sur le nouveau genre de service que réclame d'elles l'état actuel des pauvres, c'est à elles que nous adresserons directement nos observations ; on ne doit jamais parler, qu'avec une juste réserve et un respect mêlé de reconnaissance, des efforts même impuissans que fait la charité pour améliorer l'état moral des pauvres : toute la gloire lui en demeure, l'obstacle vient de nous et de la résistance qu'opposent nos passions.

Nous traiterons donc avec elle ce point important : il suffit en ce moment de poser en principe que, pour secourir les pauvres par le travail, il faut en chercher un qui ne détruise aucune existence, ou qui, du moins, ne leur nuise pas notablement ; et que, par la nature même de ce travail le pauvre devienne consommateur presqu'autant que producteur ; il faut surtout que par ce travail, les causes principales de son extrême misère soient détruites ; or, quelles sont ces causes ? c'est ce que nous allons examiner.

Nous en apercevons trois principales :

1re. Cause. — *L'Immoralité ;*

2e. Cause. — *L'Avilissement du prix du travail ;*

3e. Cause. — *La Dégradation physique des individus.*

1re. Cause. — l'Immoralité.

Quand on étudie avec soin les causes de la misère extrême où est tombée une famille, on découvre le plus souvent qu'elle provient de l'immoralité du chef ou de quelques-uns de ses membres. Nous ne croyons pas nécessaire d'entrer dans le détail des preuves de cette assertion, nous invoquons le témoignage de tous les administrateurs des bureaux de charité, et de toutes ces dames chrétiennes qui se consacrent avec un si admirable dévouement au service des pauvres.

Or, cette profonde immoralité ne se développe-t-elle pas dans les villes, et surtout dans les ateliers des diverses industries ?...

Connaissons-nous rien qui en approche dans nos campagnes, quand l'agriculture est la base de leurs travaux ?

Combien compte-t-on de chefs de manufactures qui soient occupés des moyens de la combattre ? combien, au contraire, qui la provoquent avec une impudeur qui révolte toute âme honnête ?

Il en est, nous le savons, qui gouvernent leurs ouvriers avec une aurorité paternelle et prévoyante ; l'ordre qui règne en leurs ateliers réjouit la vue de l'observateur chrétien et charitable : ils recueillent le prix de leurs soins, la juste considération dont ils jouissent les place au rang des meilleurs citoyens ; nous avons trouvé, en général, cette bonne tenue dans les manufactures appartenantes à d'anciennes maisons ; mais la plupart des nouvelles les imitent-elles ?.... quels désordres dans le plus grand nombre de celle-ci ?

Mais détournons les yeux de ce tableau, et reconnaissons que lorsque l'on recherche la cause principale de l'extrême misère d'une famille livrée au travail purement industriel, on trouve le plus souvent l'immoralité : peut-on combattre cette cause par des moyens naturels ?

Nous voyons combien inutilement on l'a tenté dans les états protestans et dans les établissemens où la bienfaisance philosophique est en honneur : les hommes de bonne foi conviendront que la religion est du moins fort utile pour cette fin. Si un prêtre, une sœur de charité, ou un catéchiste dont l'entretien n'excède pas mille francs par an, parviennent à diminuer d'un dixième le nombredes familles que le désordre réduit à une détresse excessive, comme un seul de ces trois ministres de la religion peut rendre ce service à trente familles ; et comme la dépense de ces familles coûterait à la caisse des pauvres, suivant les calculs des auteurs que nous avons cités, au moins deux cents francs par an pour chacune d'elles, mille francs de dépense produiraient une économie réelle de six mille francs ; ce serait, un argent placé à un bon intérêt ! Or, nous pouvons citer des établissemens où de tels résultats et d'autres bien supérieurs ont été obtenus. On va bien loin par fois, pour visiter des lieux où s'opère à grands frais un peu de bien, et nous dédaignons, autour de nous, une foule d'œuvres où se multiplient des prodiges en ce genre. Il est vrai que le charlatanisme ne les désigne pas comme les premiers à l'admiration des hommes légers qui croient tout sur parole.

Mais si l'immoralité ne peut être combattue qu'avec la plus grande peine dans les ateliers de l'industrie manufacturière, il n'en est pas ainsi dans les travaux de l'agriculture. Voilà pourquoi nous regardons la multiplication des colonies agricoles comme le moyen le plus puissant d'en atténuer les effets chez les pauvres, et de détruire ainsi dans sa source une des causes qui en précipitent un si grand nombre dans une misère excessive.

2e. Cause. — L'Avilissement du prix du travail.

Une autre cause de la misère des grandes populations, c'est l'avilissement du prix du travail.

C'est ici que nous serons encore forcés de reconnaître la funeste influence de l'industrialisme, avec sa cupide imprévoyance. A peine un genre de fabrication donne-t-il quelques bénéfices, qu'une foule d'hommes sans expérience, sans moralité, sans honneur, sans solvabilité même, s'y précipitent avec une étourderie prodigieuse : les populations anciennes ne suffisent plus à ses entreprises, on les double en quelques années, en attirant des campagnes environnantes des malheureuses dupes, par l'appât d'un gain plus grand, d'un travail plus facile, et des plaisirs que présentent les grandes agglomérations d'individus des deux sexes ; on dévore ses capitaux et ceux des insensés qui s'y laissent prendre ; on encombre les marchés de produits dégénérés des qualités primitives qui en assuraient le débit, on dépasse, outre mesure, tous les besoins de la consommation. Mais bientôt les consommateurs désabusés repoussent ces produits, les débouchés se ferment, les magasins sont encombrés, les capitaux sont compromis ou perdus, il faut condamner et les machines et les bras à l'oisiveté, et voilà que des milliers de malheureux vont offrant leurs bras au rabais, épuisent leurs ressources, engagent leurs effets dans les monts-de-piété, fatiguent la charité des villes et des particuliers par leurs sollicitations, et attendent, en vivant d'aumônes, un temps meilleur qu'on leur fait espérer, mais qui ne reviendra plus, parce que tout équilibre entre la production et la consommation est rompu, et qu'il n'est au pouvoir de personne de le rétablir. Ils ont contracté de nouveaux besoins, parce qu'ils ont fait des gains trop facilement réalisables pendant un certain temps; et l'avilissement subit du prix du travail les condamne à plus de privations et les rend doublement malheureux : ils les eussent supportées précédemment avec peu de peine, elles sont aujourd'hui pour eux presqu'intolérables.

Les spéculateurs ont disparu en laissant un surcroît de population à la charge des villes et des habitans, ces légions d'ouvriers hâves et décharnés, rongés de vices et des maladies qui en sont la suite, ont perdu avec l'innocence de leurs premières mœurs, le goût de la vie des champs et la force physique nécessaire pour en supporter les travaux.

Voilà ce qui reste de cette fausse prospérité, de cette exaltation sans mesure de l'activité industrielle, quelques jours d'ivresse et de longues années de souffrance que l'on ne peut soulager, car rien ne répare les mœurs et les forces perdues, si ce n'est la religion avec ses prodiges.

La détresse des ouvriers s'accroît donc de jour en jour d'avantage; les mécomptes de l'industrie l'obligent à chercher dans le bas prix du travail un palliatif aux effets d'une concurrence que le désespoir, les banqueroutes et les combinaisons de la mauvaise foi rendent de plus en plus active, et le sort des populations en devient de plus en plus misérable.

Ce funeste effet d'une exagération des combinaisons industrielles ne se présente pas dans les pays livrés à l'agriculture. Celle-ci donne des salaires plus réguliers; comme chaque propriétaire ou cultivateur n'emploie qu'un nombre borné d'ouvriers, si, par quelque cause, les familles de ceux-ci souffrent accidentellement d'un surcroît de pauvreté, le propriétaire vient à leur secours. On n'a jamais ouï dire que la femme ou l'enfant du domestique ou de l'ouvrier d'un agriculteur, même d'un pauvre métayer, soyent morts de faim. Si l'ouvrier des champs gagne peu, il dépense peu, son sort ne se modifie pas continuellement comme celui de l'ouvrier de manufacture,

C'est donc dans l'agriculture perfectionnée que l'on doit chercher une nouvelle source de travail pour le pauvre ; mais une aussi utile impulsion ne peut être donnée que dans des fermes modèles ; et nous verrons plus tard que c'est par des colonies agricoles que l'on parviendra à multiplier ces établissemens dont le besoin est si connu qu'on les réclame de toutes parts.

3e. Cause — La Dégradation physique des individus.

L'affaiblissement et l'état général d'infirmité des classes livrées aux travaux exclusivement industriels, est un fait que personne n'oserait révoquer en doute. Il suffit de jeter un regard sur certains quartiers de Paris, Lyon, Rouen, Lille, Amiens et autres villes qui renferment un grand nombre d'ouvriers.

La dégradation de l'espèce y est telle que la plus grande partie des jeunes conscrits y est impropre au service militaire, ce qui double la charge des cantons ruraux et condamne à un service inévitable le petit nombre de jeunes gens sains et bien conformés que présentent les classes de ces villes, injustice légale dont les désordres de l'industrie sont encore la cause.

Des calculs statistiques recueillis avec beaucoup de soin (*De l'action du Clergé*, p. 266), ont prouvé que la durée moyenne de la vie humaine qui était, sous François Ier. de 18 ans, était à la mort d'Henri IV de 22 ans.

Cent ans après, à la fin du règne de Louis XIV, elle était de vingt-six ans, elle est aujourd'hui de trente-quatre ans. Si les populations industrielles ne participent pas également à cette prolongation de la vie, on ne peut nier qu'elles n'en jouissent dans une certaine proportion ; mais comme il est évident que la somme moyenne des jours de virilité, de force et de santé, dans la vie de ces individus, est proportionnellement moindre que là où le travail n'est pas exclusivement industriel, il en résulte pour eux un accroissement considérable de misère.

Ces travaux sont la source de maladies et d'infirmités qui produisent de longues incapacités de travail, d'où il arrive nécessairement que le chef d'une famille est bien moins capable de pourvoir à l'existence de sa femme et de ses enfans. C'est là une des causes qui multiplient les pauvres dans les cantons manufacturiers, et on remarquera que cette incapacité physique va croissant de générations en générations : elles ne présentent en plusieurs lieux que des espèces de cretins sans force et sans vie ; et cependant le rapprochement des sexes dans les ateliers, et l'horrible corruption des mœurs qui y règnent y hâtent les mariages et les multiplient dans une toute autre proportion qu'ailleurs. Beaucoup s'y marient avant l'âge de la conscription, en comptant sur leurs infirmités pour la réforme. Plusieurs de ces ouvriers abandonnent leurs femmes au second ou troisième enfant et les laissent à la charge de la charité publique! Certes, on ne nous accusera pas ici de charger un tableau dont nous voudrions nous dissimuler à nous-même la triste vérité.

Où est la force de l'État avec une semblable population? Nous ne craindrons pas de le dire, si toute la France était ainsi façonnée par l'industrie, il suffirait de quelques hordes de cosaques pour la réduire en servitude, car des millions de ses enfans ainsi abatardis ne fourniraient pas à l'entretien d'un régiment de cinq cents hommes. Que l'on interroge les généraux qui ont fait les levées de la conscription, ils ne nous démentiront pas!

N'est-il pas de la prudence et du devoir d'un homme d'État de chercher à ranimer cette population qui s'éteint ; et peut-on espérer d'y parvenir autrement qu'en ressuscitant, pour ainsi dire, ces corps, par l'influence combinée de la religion et de l'agriculture ?

Les effets désastreux de l'accroissement de la population par l'industrie, ont porté Matthus et Scarlet, membres du parlement britannique, à provoquer des lois restrictives du mariage (1). Le protestantisme ne connaît au reste que la violation de la loi naturelle pour remède à ses propres fautes ; mais la religion catholique respecte autrement la liberté et possède la ressource des sacrifices volontaires, pour corriger l'excès de la multiplication des pauvres : elles saura contenir les sexes jusqu'à l'âge où ils peuvent s'unir avec moins d'inconvéniens pour eux-mêmes et pour l'État, et elle résoudra ainsi un problème insoluble ailleurs par des moyens étrangers à ceux dont elle possède le secret ; c'est elle qui parviendra, non pas à empêcher, mais seulemeut à retarder les ma-

(1) De la Mendicité et des Enfans trouvés, par M. le vicomte de Bonald, page 50.

riages ; l'effet général en sera tout ce qu'il doit être pour la société et pour les familles.

C'est encore dans des colonies agricoles confiées aux soins de la religion pour la partie morale et spirituelle, et à l'administration temporelle d'une association généreuse d'hommes indépendans, amis des pauvres, et désireux de contribuer aux progrès des arts utiles, que l'on parviendra à relever la population et à la ramener aux bonnes mœurs, à la santé et à la vie.

Il serait fort difficile, nous dirons même presqu'impossible de procurer un tel bienfait aux adultes ; aussi doit-on s'attacher, au moins dans les commencemens, à ne fonder ces colonies que pour les orphelins, les enfans trouvés et les enfans abandonnés : on fondera plus tard des colonies de ménages ; mais avant de l'entreprendre, il faut avoir ramené aux habitudes d'ordre et de discipline un certain nombre de sujets dont on aura besoin pour imprimer une première direction à ces colonies de familles libres. Voilà pourquoi nous portons tous nos soins, en ce moment, sur la création des colonies d'orphelins et d'orphelines.

Il est temps de développer les avantages de ces sortes d'établissemens, et de montrer que les pays catholiques sont bien plus favorables à de telles institutions que les pays protestans.

Le succès dépend de quelques conditions principales qu'il est bien difficile d'obtenir, quand on n'a pas le secours des congrégations religieuses.

La première est l'unité de direction, la seconde est la perpétuité ; or, ces conditions s'obtiennent avec une extrême facilité d'un ordre religieux, quand on est convenu avec le supérieur de la marche à suivre. Comme on ne peut rien faire de grand et de durable sans ces garanties, nous ne pouvons rien attendre des efforts des philantropes pour fonder de tels établissemens par les moyens à leur usage.

Que l'on ne vienne pas nous opposer les succès obtenus en Hollande, en Danemark, en Russie, en Prusse et à Genève. Il se trouve dans ces pays, où le protestantisme domine, des individus charitables et de bonne foi, qui font le bien par zèle et par esprit de religion : mais ce sont là des individus et non des corporations ; et il manque à ces excellens établissemens un principe de durée ; quand un directeur meurt, ou se retire, l'existence de la colonie est incertaine, jusqu'à ce que l'on ait trouvé un remplaçant d'un mérite à peu près égal : des administrateurs de ces établissemens en sont convenus avec nous. Ils ont reconnu avec loyauté la supériorité des ressources de ce genre que nous offrait la religion catholique.

Si le succès de ces colonies dans les pays protestans, où elles dépendent d'un homme, est précaire, bien que cet homme se présente souvent, parcequ'il y a des protestans de bonne foi et livrés aux exercices de la charité, cet homme se trouvera-t-il, dans les pays catholiques, ailleurs que dans les rangs de ceux qui remplissent les devoirs que la religion impose. Nous voyons que l'on ne trouve guères, des administrateurs zélés et parfaitement désintéressés pour les œuvres de charité, que parmi les chrétiens les plus pieux ; les exceptions sont même assez rares ; or nous n'hésitons pas à affirmer qu'il n'est pas un de ceux-ci qui ose se charger de l'administration temporelle de l'œuvre des colonies, s'il ne peut compter, pour leur direction ordinaire, sur le secours d'un institut religieux. Ils se souviennent encore du temps où ils n'avaient que des employés à gages pour le service des hôpitaux.

Il nous paraît aussi fort nécessaire, pour assurer le succès et la perpétuité de l'œuvre, d'en confier la direction temporelle à des institutions composées d'hommes charitables et zélés pour le bien, et de la placer, comme toutes les œuvres de charité, en dehors de l'administration publique. Il faut vingt années de travaux et de persévérance pour exécuter une telle entreprise. Dans un Etat soumis aux formes représentatives, combien de ministères passeront pendant un tel intervalle? Or, comme l'expérience nous prouve que les nouveaux venus prennent à peu près le contrepied de leurs devanciers, ne courons-nous pas le risque de voir une œuvre aussi importante livrée à la mobilité perpétuelle qui est le caractère particulier de cette sorte de gouvernement? Il n'est donc pas un homme sage et avisé qui ose se charger de cette direction, s'il ne jouit d'une indépendance telle que les changemens multipliés qui surviennent perpétuellement dans l'administration générale ne puissent l'affecter.

Au surplus, tous les bons esprits sont aujourd'hui d'accord sur ce principe, que le Gouvernement ne doit pas intervenir avec ses bureaux et ses légions de commis dans tout ce qui peut être fait convenablement par des particuliers.

L'habileté du pouvoir consiste à encourager ce qui est bon et utile en soi, à arrêter ou modérer ce qui est mal ; quand il veut aller au-delà et se charger de l'exécution des détails, il gâte tout, il dissipe les trésors qu'il est obligé d'arracher aux peuples, et n'enrichit souvent qu'une nuée d'intrigans qui le flattent et l'obsèdent pour parvenir au gaspillage de la fortune publique.

Et que l'on ne vienne pas nous dire que les formes de la comptabilité le mettent à l'abri des fripons. Nous avons inspecté, avec une certaine autorité, des administrateurs infidèles, nous étions prévenus de leur mauvaise conduite, il nous a fallu bien du travail et du temps pour parvenir à les trouver en faute ; et leur comptabilité était citée, dans les bureaux des ministères, comme un modèle d'exactitude.

Ainsi donc nous établissons, comme base nécessaire d'un bon système de colonies agricoles, l'indispensable concours des ordres religieux et d'une association d'administrateurs indépendante de l'administration publique.

Cette association ou corporation de charité ne réclamerait du Gouvernement que des encouragemens et des secours proportionnés à l'étendue des services qu'elle rendrait à l'Etat.

Une fois affermie sur ces bases, voyons quels seraient les résultats d'une telle œuvre;

Pour les bonnes mœurs,

Pour l'Etat,

Pour l'agriculture et les arts.

Résultats pour les bonnes mœurs.

Ces résultats ne sauraient être douteux : en prenant des enfans dans l'âge le plus tendre, en les garantissant du contact de la corruption étrangère, en les gouvernant avec douceur et bonté, en leur inspirant, par un long exercice, l'amour de la religion, le goût du travail, le respect et la reconnaissance pour ceux à qui ils doivent l'heureux état dans lequel ils se trouvent, en tenant les sexes séparés jusqu'à l'âge où des jeunes gens peuvent se marier avec réflexion, discernement et la certitude d'être en état d'élever une famille, en leur apprenant un métier capable d'assurer leur subsistance, en leur procurant enfin ces connaissances variées qui développent l'intelligence et mettent les habitans de la campagne en état de gagner leur vie par mille moyens, certes on obtiendra la plus solide garantie de la réforme des mœurs du peuple.

Nous avons reconnu, par l'étude statistique des populations pauvres, que l'immoralité est la cause la plus générale de l'extrême misère : rendre des mœurs à cette classe, c'est donc tarir la source de cette misère qui la dégrade.

Il n'y a qu'un plan analogue à celui que nous présentons, qui puisse conduire à ce résultat, car tous les établissemens existans, où l'on élève des orphelins et des enfans abandonnés, prennent les mêmes précautions que celles que nous indiquons pour les prémunir contre la contagion ; mais outre que ces maisons de réfuges ou hospices sont toutes placées dans les villes, et n'ont à offrir à ces enfans aucune des ressources que présente le travail agricole, comme leur entretien y coûte de 40 à 50 centimes par jour, tandis que le produit moyen du travail de ces enfans n'y atteint pas 10 centimes, les administrations sont forcées de s'en débarrasser aussitôt qu'ils sont à peu près en état de gagner leur vie ; et à quel âge les abandonne-t-on ainsi dans le monde ? c'est à celui de douze à quinze ans. Combien peuvent durer les bonnes impressions qu'ils ont reçues ? Est-il étonnant qu'en examinant avec soin l'état moral de tous les garçons sortis d'un hospice fort bien administré dans son intérieur, et placés après l'âge de douze ans en apprentissage chez les maîtres ouvriers qui veulent bien s'en charger, nous fûmes surpris et épouvantés de n'en trouver qu'un seul parvenu à l'âge de vingt ans, qui n'ait pas été repris de justice pour des délits plus ou moins graves ; et les filles, nous ne dirons pas ce qu'était devenu un nombre, hélas! bien affligeant d'entre elles.

Nos établissemens agricoles, au contraire, ayant un intérêt positif à garder les jeunes gens plus long-temps, puisque la prospérité de ces colonies dépendra du travail de ceux de l'âge de quinze à vingt ans ; l'influence de l'éducation, des bons exemples, d'une bonne tenue et d'une sage surveillance continuée jusqu'à cet âge, sera d'une toute autre efficacité.

Nous savons bien que l'on aura à combattre les vices que ces malheureux enfans tirent de leur origine; mais cette considération, quoique grave, ne nous décourage pas. En effet, a-t-on jamais appliqué quelque part à ces malheureux enfans le mode d'éducation que nous proposons? Attendons, pour prononcer sur une question de cette nature, que l'expérience ait décidé pour ou contre notre opinion ; fut-il jamais un essai plus intéressant à faire ?

N'avons-nous pas, d'ailleurs, dans le plan de colonies agricoles, la ressource des colonies de répression ? ne peut-on pas graduer en chacune d'elles certaine classification des élèves, et les soumettre ainsi suivant les soins qu'ils réclameront, à une discipline plus ou moins sévère, à un régime même approprié aux vices particuliers qu'il sera nécessaire de combattre ?

Ce qui est impossible dans un établissement qui renferme des centaines de sujets entassés dans un local resserré, et n'offrant que des ouvroirs pour lieu de travail, est d'une facilité singulière en des colonies de vingt à trente sujets au plus, et souvent même de douze seulement.

Ne pourra-t-on pas y réaliser, sans la moindre dépense, ce qui coûte si cher dans les maisons de correction des jeunes condamnés, que présente la Capitale, et dont les succès signalent la charité et le zèle de leurs administrateurs à la reconnaissance publique. Ce qui est le plus difficile en ces maisons, c'est d'isoler les élèves les uns des autres ; l'expérience ayant montré que c'est le premier et le plus puissant moyen de correction : quoi de plus simple dans une colonie ? Celle destinée à cet objet particulier sera composée d'un certain nombre d'enclos, chaque élève sera chargé de la culture d'un de ces enclos ; on lui donnera une tâche déterminée, qu'il aura dû faire avant de recevoir tout ou partie de sa portion d'alimens. Au lieu de dortoir, il aura, pour coucher, une loge comme celle des bergers ; il ne pourra communiquer avec ses camarades sans permission, et il n'y aura de réunion que pour la prière commune et l'instruction du catéchisme qui aura lieu dans le milieu de la journée ; pendant ce temps ces jeunes gens garderont le silence. Des surveillans les conduiront au travail, et les y visiteront fréquemment ; eux seuls pourront les entretenir. Tel est le mode que l'on peut suivre dans les colonies de correction ; nous avons de justes raisons de compter sur quelque succès, car ce ne seront pas des criminels que l'on aura à traiter, mais des adolescens qui n'auront manifesté que des inclinations vicieuses.

Quelques-uns s'échapperont, nous dit-on, et qu'est-ce que cela fait pour la masse. Il y aura moins de ces désertions qu'on ne pense, lorsque l'on n'aura affaire qu'à des jeunes gens élevés depuis l'âge de cinq à huit ans dans les colonies, qui ne connaîtront personne au dehors, qui ne sauraient où aller, qui porteront un costume particulier, qui ne pourraient emporter de quoi vivre une journée, parce qu'ils n'auront jamais à leur disposition que la ration d'un seul repas. Au reste, c'est un essai encore à tenter, et la réforme d'une grande quantité d'êtres vicieux et capables de se livrer aux plus grands désordres, quand rien ne contrarie le développement de leurs passions, vaut bien la peine d'y donner quelques soins. Cent arpens de terre, et quelques cabanes avec deux Frères pauvres comme eux, mais dévoués, et doués d'une intelligence ordinaire, suffiront pour cette démonstration.

N'hésitons donc pas à conclure qu'aucune institution n'est plus propre à améliorer l'état moral des classes inférieures de la société, et à donner aux campagnes voisines de ces établissemens, des exemples d'ordre, de régularité, de subordination. Le bien comme le mal se propage par l'exemple. Que l'on mesure, par la pensée, quelle salutaire influence n'exerceraient pas ces petites colonies placées au milieu des communes rurales, dans une proportion que nous estimons que l'on pourrait porter à une par dix mille habitans. Lorsqu'elles seront multipliées dans un rapport analogue aux besoins, elles pourront recevoir, outre les orphelins et les enfans abandonnés qui en formeront le fonds principal, des enfans des familles pauvres de la contrée, pour y suivre le même cours d'instruction ; elles présenteront le meilleur mode d'écoles de travail, et l'on verra bientôt les habitans des communes du voisinage rechercher l'avantage d'y faire admettre leurs enfans parce qu'ils acquéreront, avec l'instruction primaire, la pratique des arts domestiques et économiques. Quand on aura vu les sujets élevés dans ces colonies recherchés comme serviteurs et comme ouvriers par les personnes riches de la contrée, l'empressement des familles sera vivement stimulé, et l'intérêt particulier viendra assurer les progrès de l'œuvre et de la réforme morale dont celle-ci sera le principe et le moyen.

Nous nous arrêtons à ces considérations, et nous allons examiner le développement de cette œuvre, dans ses rapports avec les intérêts généraux de la société.

Résultats pour l'Etat.

La sûreté de l'Etat repose sur l'existence d'une population forte, nombreuse et disciplinée. Les cantons manufacturiers ne lui présentent que de misérables défenseurs; s'il en tire quelques soldats, c'est pour les voir périr dans les hôpitaux, à la suite de quelques marches forcées, ou de quelques nuits de bivouac, ou encombrer les salles de discipline des régimens, en punition de leurs actes d'insubordination.

C'est de nos campagnes, c'est des travaux rudes et pénibles de la terre que sortent ces légions de guerriers dont la constitution robuste et la bonne conduite font la force de l'armée, assurent sa considération au dehors et au dedans, dont le courage sert à défendre nos frontières, ou à venger les insultes faites à notre indépendance. Multiplier le nombre de ces vigoureux ouvriers, c'est donc garantir de plus en plus la gloire et la sûreté de l'Etat.

Nous ne pouvons nous dissimuler que l'extension du travail des manufactures, en habituant les pauvres, même dans les campagnes, à une vie trop cazanière, ne les détourne maintenant des rudes travaux de la terre; on commence en beaucoup de lieux à manquer de terrassiers, de moissonneurs, de bûcherons. Il est des mains-d'œuvres nécessaires à l'exploitation agricole que l'on est forcé de rétribuer à trop haut prix, parce que les ouvriers, amollis par un travail sédentaire qui use les forces lentement, n'en ont plus assez pour supporter les efforts qu'elles exigent. Combien n'est-il pas nécessaire de préparer une nouvelle pépinière d'ouvriers pour ces travaux, c'est un des buts principaux de l'institution des colonies; mais, pour y parvenir, il faut encore accoutumer le pauvre à une meilleure nourriture : car s'il est mal nourri, il ne saurait supporter les travaux pénibles et prolongés; aussi voit-on dans plusieurs provinces de l'intérieur de la France, les ouvriers terrassiers qui vivent d'un mauvais pain de seigle, d'un peu de fromage, d'une piquette qui n'est que de l'eau légèrement acidulée, ne pouvoir exécuter dans une journée que le quart du travail auquel se livre l'ouvrier de la Flandre et de la Normandie qui consomme deux fois plus. Il serait utile à l'Etat que le peuple travaillât et consommât davantage; ce changement salutaire ne saurait s'introduire dans nos provinces que dans un long cours d'années, tandis que, dans les colonies, l'application en sera faite le jour même de leur installation.

On tirera des sujets qu'elles renfermeront toute la somme de travail possible, et le premier fruit de ce travail sera de leur assurer une nourriture plus saine et plus abondante que celle que les pauvres reçoivent dans ces mêmes contrées.

Le problème de la balance de la production et de la consommation y sera résolu de manière à exercer une action favorable autour d'elles. Les sujets formés dans leur sein contracteront de bonnes habitudes qui seront aussi pour eux une routine, et pour la première fois peut-être, le préjugé servira au progrès de la science de l'économie politique la plus parfaite. Un seul homme, fort de son expérience, présidant à la direction de toutes les colonies, elles recevront de lui la plus utile impulsion, des milliers d'enfans participeront à la fois sans peine, sans violence et sans efforts, à la sagesse, à la prévoyance, à l'habileté d'un seul homme, et lui devront des mœurs, des habitudes qui assureront le bonheur de leur vie, et les rendront précieux à la patrie.

C'est en plaçant dans les colonies agricoles les sujets de complexion délicate, que l'on diminuera les ravages qu'exercent sur la jeunesse des deux sexes deux redoutables maladies, la pulmonie et les affections nerveuses. Quand on examine les tables de mortalité publiées par le conseil de salubrité de la ville de Paris, on est affligé de voir le nombre de jeunes gens de l'âge de 15 à 20 ans qui succombent à des maladies dont l'exercice à l'air libre est presque l'unique remède.

Le moraliste trouve ici matière à gémir : mais le véritable économiste doit l'imiter aussi, car la société publique éprouve un dommage considérable de la perte d'un aussi grand nombre de citoyens enlevés à l'âge ou ils ont beaucoup dépensé sans avoir pu rien produire.

Nous sommes bien assurés que la médecine approuvera vivement un tel plan, elle peut en apprécier les conséquences.

Nous pourrions encore trouver mille avantages pour l'Etat dans les développemens d'une telle institution; mais nous voulons laisser à nos lecteurs le soin de déduire quelques-unes des conséquences du plus vaste système de régénération des classes pauvres que l'on ait jamais tenté.

Considérons maintenant ses effets sur l'agriculture et sur les arts.

Résultats pour l'agriculture.

Nous avons dit que c'était à la terre principalement, et au moins concurremment avec d'autres sources d'occupation, qu'il faut demander du travail.

C'est une chose singulière que l'oubli où est restée l'agriculture en France, dans la recherche des moyens d'utiliser le travail des pauvres. Depuis la révolution, il semblerait que la terre ait perdu ses droits, tant est grande sur les esprits l'influence des théories nouvelles ; et cependant la Russie, le Dannemark, la Hollande nous offraient des modèles. On a fondé, dans ces états, des institutions pour les pauvres dont l'agriculture est la base ; mais on dirait, que chez nous, l'Etat n'a plus qu'une mamelle, et que c'est à l'industrie que l'on doit demander tout.

Nous avons montré plus haut, que de secourir les pauvres par le travail industriel, c'est, dans l'état actuel du commerce, créér de nouveaux pauvres, par le moyen même employé à en secourir une partie.

Il n'en est pas de même du travail agricole.

Ici, le pauvre, en consommant lui-même tout ou la plus grande partie des objets que son travail a produit, n'élève de concurrence fâcheuse pour personne.

L'alliance de la grande culture et des bras des hommes, c'est-à-dire, le travail combiné de la charrue et de la houe, constitue l'agriculture perfectionnée.

Cette agriculture moderne occupe un nombre immense de bras, et si son produit net ne donne pas, par la vente, un bénéfice toujours suffisant au cultivateur, son produit brut présente à la consommation et à la société des avantages incontestables.

Avec peu de capitaux et un grand nombre de bras, on peut fertiliser des terres incultes en tirant les premiers engrais de l'écobuage et des compost.

Nous pourrions démontrer, par des faits nombreux, qu'à l'aide d'une culture conduite avec intelligence, on parviendrait aisément à tirer de 300,000 hectares de terre, sur des fonds susceptibles de culture, ou d'une valeur locative qui n'excède pas 25 francs, dans le rayon de quarante lieues de Paris, des produits suffisant à l'entretien de 500,000 élèves de six à vingt ans. La France possède encore des terrains bien plus considérables que la charrue ne cultive pas, qui appellent des capitaux, de l'intelligence et des bras.

Ces terres demandent une nouvelle population, et ce ne sont pas des adultes qu'il est possible de déplacer, tandis que les enfans à la charge de l'Etat peuvent, sans injustice ni violence, être dirigés sur les points où ils rendraient le plus de service à la société qui leur a tenu lieu de famille.

En appelant l'agriculture perfectionnée au secours des pauvres, on introduit dans un pays les cultures les plus précieuses et les plus productives, parce que toutes celles de cette nature exigent un grand nombre de bras; on met les pauvres en état de profiter de toutes les améliorations introduites dans les arts, qui exigent des connaissances que des pauvres ne peuvent jamais acquérir, des avances qu'ils ne peuvent jamais faire, et une association de forces qu'ils ne peuvent jamais réaliser.

Ainsi, par exemple, qu'une colonie d'indigens soit soumise à un travail commun, sous le commandement d'un chef, les opérations de défoncement, à l'aide desquelles on rompt les prairies, étant pratiquées, moitié par le travail des bras, moitié par celui de la charrue belge, la dépense se trouve réduite de moitié ; la proportion sera plus grande encore pour l'écobuage, qui convient si bien aux établissemens de ce genre. La culture de tous les légumes s'y exécute aussi avec une diminution de moitié des frais, par l'emploi des *herses hoe* et de la culture par lignes. Si on passe aux manutentions, on verra que c'est dans des établissemens un peu nombreux, où le travail peut être simultané, où l'autorité d'un chef, en coordonnant les travaux, sait tirer parti de toutes les forces, même de celles des plus faibles, que l'on peut introduire les procédés les plus économiques et les plus parfaits.

C'est là que l'on peut obtenir de l'enfance un travail que les adultes perdent leur temps à exécuter dans la famille.

C'est là qu'une boulangerie peut être formée

pour panifier la pomme de terre, et pour fabriquer un pain presque aussi savoureux et aussi nourrissant que celui de froment, et d'un prix inférieur de moitié.

C'est là que l'on peut supporter la dépense de construction d'une usine, d'une étuve, d'une machine à concasser les légumes, etc., source de travail pour la saison où ceux de l'agriculture sont impossibles. Tous ces procédés ne peuvent être introduits dans les ménages, à raison de la dépense de premier établissement ; mais, lorsque nous posséderons dans les cantons pauvres et populeux des petites colonies agricoles d'orphelins et d'indigens, administrées par une société d'hommes qui y cherchent, non un moyen de gagner de l'argent, mais une occasion de faire aux pauvres l'aumône de leur intelligence, ces établissemens seront autant de fabriques où l'on vendra aux pauvres du pays des denrées nécessaires à leur existence, à un prix si modéré que leur sort en sera notoirement amélioré.

Cet emploi du travail des colonies agricoles est digne d'une grande attention. Il n'y a point là de concurrence à craindre : c'est exécuter, au profit des pauvres, une manutention qu'ils ne peuvent faire eux-mêmes, et les faire participer à tous les avantages de l'économie dans les procédés.

Cependant nous ferons observer ici qu'il importe que la direction de cette œuvre demeure entre les mains d'hommes éclairés et au-dessus de tout esprit de gain personnel ; car il sera nécessaire d'user avec ménagement de ces ressources, sous peine d'affaiblir chez les pauvres l'amour du travail par la trop grande facilité de pourvoir à leur subsistance.

En cela, comme en tout, la sagesse et la prudence, l'esprit d'ordre et de prévoyance appellent une autorité forte et paternelle pour régulariser le zèle et jusqu'aux actes de la charité. Voilà pourquoi nous avons dit que la direction des colonies agricoles devait appartenir à une administration placée hors du cercle des débats politiques, sous la protection du Roi, mais indépendante, afin de lui donner de la fixité, et pour qu'elle ne subisse pas les mobiles influences de la politique des partis.

Cette sage institution, à laquelle les personnages les plus éminens se feront honneur de prendre part, saura bien ce que devra être, pour le plus grand bien des pauvres et de l'Etat, la direction du travail des colonies de chaque localité.

On trouvera un autre avantage dans la fondation des colonies agricoles : elles tendront à modérer le morcellement des propriétés et à tirer de plus grands produits de la terre que par la petite culture.

Le sol de la France se divise et se morcelle avec une telle rapidité, que bientôt il ne sera plus cultivable qu'à la bêche, et la plus utile des machines, la charrue ne pourra plus manœuvrer sur des champs de quelques verges d'étendue. D'un autre côté, la grande culture devient impossible dans les cantons où tous les habitans possèdent quelques carrés de terre à cultiver, parce que l'on n'y trouve pas d'ouvriers : ils sont presque tous occupés du soin de leur petite propriété ; et les cultivateurs, qui les appellent pour des travaux qu'ils paient souvent à haut prix, sont obligés d'attendre qu'ils aient terminé ceux nécessaires à la culture de leurs champs ; d'où il arrive que la saison la plus favorable est souvent perdue pour le cultivateur d'un grand domaine, à raison de ces retards. Aussi voyons-nous cette classe si nécessaire à la prospérité de l'Etat, diminuer de jour en jour, tandis que la population pauvre prend un accroissement si rapide. Quelle en sera la conséquence? il est facile de la prévoir. Les produits de la terre ne s'obtiendront qu'avec une dépense en travail, telle que cette portion du capital de la richesse publique en sera considérablement altérée. L'effet le plus immédiat sera d'attirer des produits étrangers en concurrence avec les nôtres, et de décourager complètement notre agriculture. Ce résultat est fort grave, et nous engageons les économistes sages et prudens à le méditer.

Nous présentons la multiplication des colonies agricoles comme un moyen de prévenir ce désastre et de préserver la grande culture d'une ruine presque absolue, car ces colonies favoriseront l'exploitation des grands domaines, en assurant les bras nécessaires aux cultures les plus productives, et l'alliance de la charrue et dela houe légère, alliance indispensable à la perfection de l'art agricole, demeurera fixe, solide et durable. Lesagronomes instruits savent bien que ce judicieux emploi de l'intelligence, du travail, des forces des hommes et de la perfection des ustensiles, a pour effet certain d'augmenter, dans une proportion singulière, la richesse du sol, la quantité des produits, en même temps que la consommation, et de favoriser aussi le mouvement des capitaux.

En laissant la religion présider à ces établissemens, on aura des ouvriers intelligens et subordonnés, en place de ceux presque indisciplinables que l'on est forcé d'employer.

L'état de propriétaire-cultivateur, état si honorable et si utile à la société, redeviendra ce qu'il était autrefois, un véritable patronage, un échange de services et de secours qui sont aussi des services. En est-il ainsi aujourd'hui? Ne savons-nous pas que la difficulté de trouver des domestiques et des ouvriers dans les cantons même où la mendicité afflige le plus les regards, d'en obtenir fidélité et soumission, porte un grand nombre de propriétaires à abandonner les occupations de l'agriculture? Arrêter ce déplorable résultat du désordre de notre situation actuelle, serait rendre un service signalé à la société.

Ce serait encore un immense bienfait pour elle, de fixer sur le sol, des familles agronomes dont les générations successives perpétuent les services, de les éloigner du théâtre de l'ambition et de l'agiotage, où les mécomptes font descendre d'une position sociale, naguère indépendante, tant d'hommes qui eussent vécu heureux dans leurs domaines, et qui languissent maintenant dans les couloirs de la Bourse, ou dans les antichambres ; l'honneur y est souvent compromis, et la dignité du caractère y est presque toujours flétrie.

CONCLUSION.

Telles sont les considérations que nous présentons aux hommes de bonne foi que l'esprit de parti n'égare point, et dont les préjugés antireligieux n'obscurcissent point l'entendement. Nous ne venons pas ajouter des projets chimériques à tous les systèmes que chaque jour voit naître et mourir. Sans autre secours que celui des conseils de quelques hommes animés d'un vif amour du bien, nous avons longtemps mûri chaque partie de notre plan : il n'en est aucune qui n'ait reçu un commencement d'exécution ; l'entière application sera bornée peut-être à quelque localité presque obscure, peu nous importe ; le modèle sera quelque part ; nous ne le déroberons aux regards de personne : nos œuvres ne cherchent ni le mystère, ni l'éclat. Si des hommes généreux veulent concourir à cette mesure, nous sommes prêts à les admettre avec empressement. Si les ministres du Roi pensent qu'il est urgent de s'occuper des moyens de prévenir les maux dont l'état actuel des choses nous menace, nous accepterons d'eux avec reconnaissance tout ce qui contribuerait à grandir cette œuvre et à l'étendre avec discernement. Nous avancerons dans la carrière où nous sommes entrés d'un pas ferme, mais mesuré. Nous avons embrassé notre plan avec une force de conviction qui triomphera des obstacles, et ne s'alarme d'aucune contradiction. Si l'on nous prête un vigoureux appui, nous avancerons avec plus de rapidité ; si nous demeurons seuls, nous soulagerons du moins quelques misères ; et quand nous ne parviendrions qu'à rendre un seul être à la religion, à la vertu, au bonheur, nous nous estimerions récompensés de nos travaux. Quelques amis nous secondent, et c'est à nos yeux une jouissance inexprimable que de nous être attiré l'estime et l'amitié de quelques âmes généreuses par ces vues de bien public : qu'elles reçoivent ici le tribut de notre vive reconnaissance. Notre union consacrée par de tels services rendus à la société, sera indissoluble : celui qui nous a inspiré de tels sentimens n'y laissera jamais porter la moindre atteinte. Nous devons à leurs conseils, à leurs lumières, à leurs exemples surtout, le zèle qui nous anime et ce qu'il y a d'utile et de bon dans les développemens que nous avons osé tracer. Que la gloire retourne à nos nobles et pieux amis, et qu'ils nous pardonnent d'avoir trop faiblement rendu la grandeur et la sagesse de leurs pensées.

A mesure que l'œuvre s'affermira, nous ferons connaître les détails d'exécution et sa partie réglementaire. Nous ne refuserons la publication d'aucun renseignement à ceux qui voudront nous imiter ; nous ne conseillerons rien que nous n'ayons pratiqué, et les faits les plus positifs et les moins contestables seront toujours la démonstration de notre théorie.

www.ingramcontent.com/pod-product-compliance
Lightning Source LLC
LaVergne TN
LVHW011955160826
845678LV00002B/560